TANSUO★FAXIAN

探索发现大百科
遨游太阳系

北京典开科技有限公司◎主编

U0389022

吉林科学技术出版社

图书在版编目（CIP）数据

遨游太阳系 / 北京典开科技有限公司主编. -- 长春：
吉林科学技术出版社，2020.10
　（探索发现大百科）
　ISBN 978-7-5578-6746-1

　Ⅰ．①遨… Ⅱ．①北… Ⅲ．①太阳系—少儿读物
Ⅳ．①P18-49
　中国版本图书馆CIP数据核字（2019）第295043号

探索发现大百科·遨游太阳系
TANSUO FAXIAN DABAIKE·AOYOU TAIYANGXI

主　　编　北京典开科技有限公司
出 版 人　宛　霞
责任编辑　李思言　张延明
封面设计　长春美印图文设计有限公司
制　　版　长春美印图文设计有限公司
幅面尺寸　185 mm×260 mm
开　　本　16
印　　张　3
字　　数　50千字
页　　数　48
印　　数　6 001-9 000册
版　　次　2020年10月第1版
印　　次　2024年10月第2次印刷

出　　版　吉林科学技术出版社
发　　行　吉林科学技术出版社
地　　址　长春净月高新区福祉大路5788号出版大厦A座
邮　　编　130118
发行部传真 / 电话　0431-81629529　81629530　81629231
　　　　　　　　　　81629532　81629533　81629534
储运部电话　0431-86059116
编辑部电话　0431-81629517
印　　刷　三河市天润建兴印务有限公司

书　　号　ISBN 978-7-5578-6746-1
定　　价　19.80元

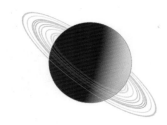

前　言

　　好奇是人类的天性，求知是人类的本能，也是人类探索学习的原动力。这个世界多姿多彩，尤其是孩子们在成长过程中，永远对周围世界充满好奇：无论是神秘莫测的古代遗址，还是波澜壮阔的海洋世界，抑或广袤无垠的宇宙……对他们来说，有太多太多的未知事物和神秘现象需要探索、发现和了解。

　　随着孩子们年龄的增长，他们会越来越喜欢探索活动，想在生活中寻找问题的答案。孩子们在参加探索活动的过程中，不仅会体验到探索的乐趣，而且自身的思维能力、创造力都将得到发展。

　　为了让孩子们更好地认识我们生活的这个世界，激发孩子们的想象力，培养孩子们独立思考和解决问题的能力，我们推出了这套"探索发现大百科"系列图书。本套书共分三册，从孩子最感兴趣的古代遗址、海洋世界、太阳系三个方面进行讲述。书中精美的图片呈现出波澜壮阔的场景，让孩子仿佛身临其境。有时候，一个孩子从普通人到探索家、科学家，只差一套适合他们的图书。

　　《探寻古代遗址》是从引人入胜的名胜古迹开始进行的探险之旅。几百万年前的地球上出现了早期的人类，其繁衍进化至今，在历史的长河中创造出了复杂的社会架构。今天，我们一起追溯人类历史发展的脚步，看看他们在历史上都创造了哪些伟大的奇迹吧!

《畅游海洋世界》让小读者深入海洋,与海洋来一次亲密的接触,一起认识地球生命之源,揭开海洋的神秘面纱,了解千奇百怪的海洋生物,进行激动人心的海洋探险……

《遨游太阳系》带小读者来到宇宙中神秘的太阳系,开始一段奇幻的科学旅程。随着天文学家的脚步,去探索太阳系的奥秘,做一个快速又简洁的"太阳系漫游梦"。

探索与发现,是求知者、好奇者和勇敢者的游戏。本套图书设计精美,内容科学,集知识性和趣味性于一体。快让我们一起去见识人类的伟大,领略海洋的浩瀚,探索太阳系的神奇吧!

目　录

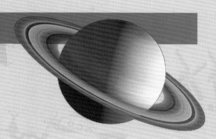

太阳系——我们在宇宙中的家

　　宇宙对人类而言充满了神秘色彩，人类所处的银河系仅仅是无数个星系中的一员，而银河系内的恒星数量达到千亿颗，太阳也只是银河系中非常普通的一颗恒星。太阳系是我们地球所在的星系，可以理解为太阳系就是我们在宇宙中的家。

海王星

天王星

土星

木星

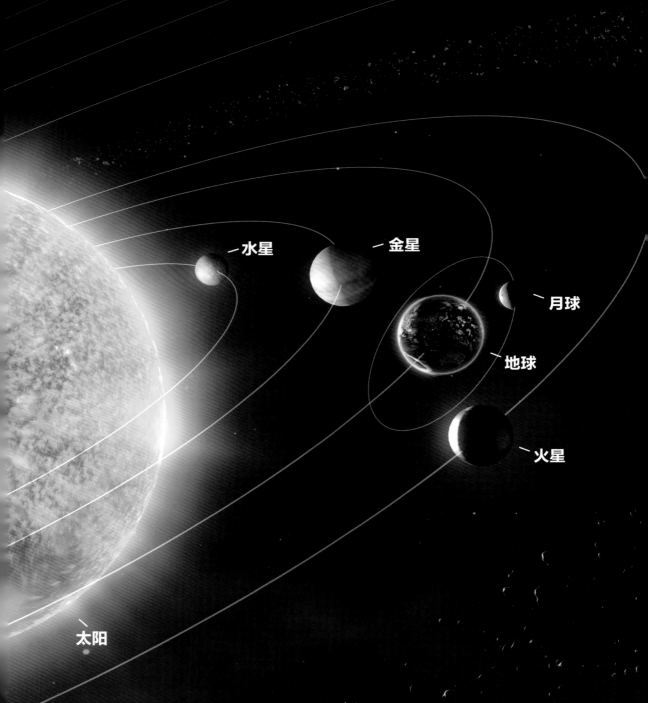

水星

金星

月球

地球

火星

太阳

太阳系是一个"大家庭"，以太阳为中心，加上所有受到太阳引力约束的天体的集合体。这个大家庭包括八大行星（水星、金星、地球、火星、木星、土星、天王星、海王星），以及170多颗已知的卫星，5颗已经辨认出来的矮行星和数以亿计的太阳系小天体。

行星

行星是环绕太阳运转并且质量足够大的天体。在太阳系中有八大行星，按照离太阳的距离从近到远，它们依次为水星、金星、地球、火星、木星、土星、天王星、海王星。它们的自转方向多数和公转方向一致。只有金星和天王星例外。

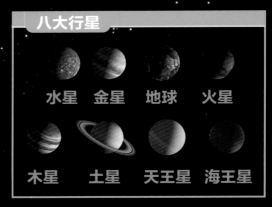

八大行星

水星　金星　地球　火星

木星　土星　天王星　海王星

彗星

彗星是进入太阳系内亮度和形状会随离日距变化而变化的绕日运动的天体。慧核由冰物质构成，当彗星接近恒星时，彗星物质蒸发，在冰核周围形成朦胧的彗发和一条稀薄物质流构成的彗尾。由于太阳风的压力，彗尾总是指向背离太阳的方向。

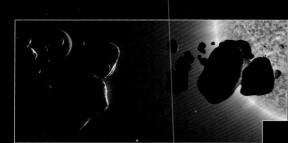

太阳系小天体

环绕太阳运转的其他天体都属于太阳系小天体。

卫星

卫星是环绕一颗行星按闭合轨道做周期性运行的天体。

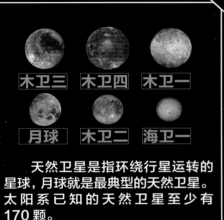

木卫三　木卫四　木卫一

月球　木卫二　海卫一

天然卫星是指环绕行星运转的星球，月球就是最典型的天然卫星。太阳系已知的天然卫星至少有170颗。

人造卫星是人类根据需求制造并发射的，如果按用途分，它可分为三大类：科学卫星、技术试验卫星和应用卫星。目前世界上大多数的人造卫星为人造地球卫星。

矮行星

2006年8月24日，第26届国际天文联合会在捷克首都布拉格举行，重新定义行星这个名词，首次将冥王星排除在大行星外，并将冥王星、谷神星和阋神星组成新的分类：矮行星。

冥王星　　谷神星　　阋神星 (假想图)

小行星带

小行星是太阳系小天体中最主要的成员，主要由岩石与不易挥发的物质组成。主要的小行星带位于火星和木星轨道之间，距离太阳2.3至3.3天文单位，它们被认为是在太阳系形成的过程中，受到木星引力扰动而未能聚合的残余物质。（1天文单位＝ $1.496×10^8$ 千米）

 # 太 阳——世界万物能量之源

　　日出日落，斗转星移，我们在地球上看起来像金色圆盘的太阳，为世间万物提供着所需的能量。太阳仅仅是银河系中一颗非常普通的恒星，它是太阳系的中心天体，太阳系中唯一的恒星，占太阳系总体质量的 99.86%。太阳牢牢控制着其麾下的星球，太阳系中的八大行星、小行星、流星、彗星、外海王星天体以及星际尘埃等，都围绕着太阳公转，而太阳则围绕着银河系的中心公转。

太阳直径大约是139.2万千米，相当于地球直径的109倍；体积大约是地球的130万倍；其质量大约是$2.0×10^{30}$千克（地球的33万倍）。太阳内部进行着氢核聚变成氦核的过程，持续释放巨大的能量，以辐射的形式向太空散布，影响着太阳系包括地球在内的其他星球，它雕琢着地球地貌，维持着地球表面的温度，促进地球上的水、大气运动，为地球生物生长发育活动提供了主要能量和动力。

日冕是太阳大气的最外层（太阳大气内部分别为光球层和色球层），厚度达到几百万千米以上。日冕温度有100万摄氏度，粒子数密度为$10^{15}/m^3$。在高温下，氢、氦等原子已经被电离成带正电的质子、氦原子核和带负电的自由电子等。日冕只有在日全食时才能看到，其形状随太阳活动而变化。

光球

对流层上面的太阳大气，称为太阳光球。光球是一层不透明的气体薄层，厚度约500千米。它确定了太阳非常清晰的边界，几乎所有的可见光都是从这一层发射出来的。

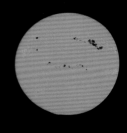

色球

色球位于光球之上，厚度约2 000千米。太阳的温度分布从核心向外直到光球层，都是逐渐下降的，但到了色球层，却又反常上升，到色球顶部时已达几万摄氏度。由于色球层发出的可见光总量不及光球的百分之一，因此人们平常看不到它。

太阳耀斑是一种剧烈的太阳活动，是太阳能量高度集中释放的过程。一般认为发生在色球层中，所以也叫"色球爆发"。其主要观测特征是，日面上（常在黑子群上空）突然闪耀迅速发展的亮斑，其寿命一般在几分钟到几十分钟之间，亮度上升迅速，下降较慢。特别是在太阳活动峰年，耀斑出现频繁且强度变强。

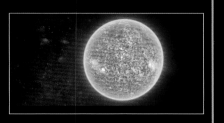

日全食　　日偏食　　日环食

日食

日食也叫作日蚀，是一种天文现象，就是当月球运动到地球和太阳之间，并且三者处于一条直线上时，太阳射向地球的光会被月球遮挡住，月球背后的黑影落到地球上，这就是日食现象。日食分为日偏食、日全食、日环食、全环食。观测日食时不能直视太阳，否则会造成短暂性失明，严重时甚至会造成永久性失明。

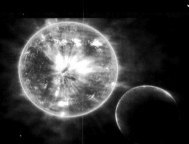

太阳风是从恒星上层大气射出的超声速等离子体带电粒子流。在不是太阳的情况下，这种带电粒子流也常称为"恒星风"。太阳风是一种连续存在、来自太阳并以200~800 千米／秒的速度运动的高速带电粒子流。

月球

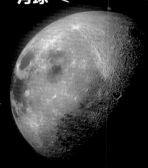

地球

地　　球——人类赖以生存的星球

地球是太阳系中由近及远的第三颗行星，是太阳系中已知的唯一适宜人类居住的星球，现在有超过 70 亿人居住在这颗星球上。地球现在大约有 46 亿岁了。它距离太阳约 1.5 亿千米。地球赤道半径 6 378.137 千米，极半径 6 356.752 千米，平均半径约 6 371 千米，赤道周长大约为 40 076 千米，如此说来，地球并不是特别圆的球体，而是两极略扁、赤道略鼓的不规则的椭圆球体。在太空中，地球的特征是明显的：蓝色海洋、棕绿色的大块陆地和白色的云层，总体呈蓝色。

15

大气层约有 1 000 千米厚，离地表越近大气的密度就越高，大气中含量最高的是氮气和氧气，分别占比 78%、21%。剩余的其他气体包括氩、二氧化碳以及水蒸气等。

氮气

氧气

其他气体

月球

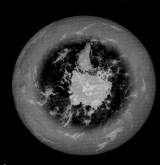

大气分层

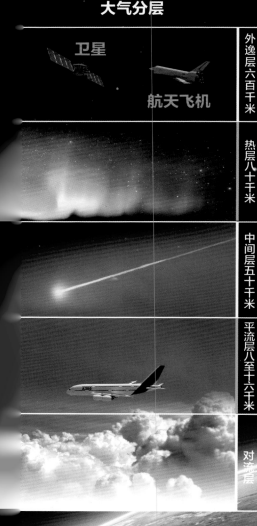

卫星

航天飞机

外逸层六百千米

热层八十千米

中间层五十千米

平流层八至十六千米

对流层

臭氧洞

臭氧是因大气里的氧经过紫外线的照射发生化学作用产生的。它能阻挡对生物有害的辐射——紫外线。

1985 年，科学家在南极上空的臭氧层中发现了一个大空洞以及数个小空洞。经查证，这些空洞是由人造氯氟烃（氟利昂）的释放所造成的。目前世界上各个国家已经对这种化学物质进行禁用，使臭氧层逐渐恢复正常。

地球内部有核、幔、壳结构，地球外部有水圈、大气圈以及磁场。

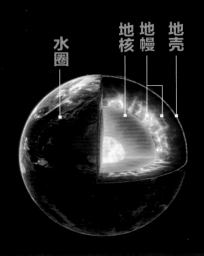

水圈　地核　地幔　地壳

大气圈

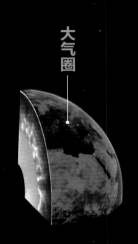

地球公转

我们的地球以 29.79 千米每秒的速度，沿着一个偏心率很小的椭圆绕着太阳公转。走完大约 9.4 亿千米的一圈路程要花 365 天又 5 小时 48 分 46 秒，即大约一年。日地平均距离是 1.5 亿千米。

地球自转

地球绕自转轴自西向东转动，从北极点上空看呈逆时针旋转，从南极点上空看呈顺时针旋转。地球自转一周的时间是 1 日。地球自转使得南、北半球发生昼夜交替，日月东升西落。

天空之所以呈蓝色，主要是因为大气散射的作用。

地球

月球，俗称月亮，古时又称太阴、玄兔。它是地球唯一的天然卫星，也是最典型的天然卫星。月球是太阳系中第五大的卫星。月球的直径是地球的四分之一，质量约 7.35×10^{22} 千克，是地球的八十一分之一，也是太阳系内密度第二高的卫星。相同物体在月球表面的重力差不多是地球重力的六分之一。

月球

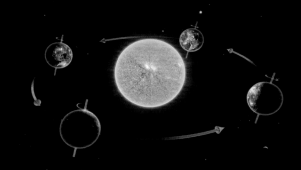

月球运转

月球在绕地球公转的同时也进行自转，周期都是27.3个地球日，正好是一个恒星月（27日7时43分11秒），自转周期与公转周期完全相同的现象称为"同步自转"。由于月球公转一圈的同时也自转了一圈，所以我们在地球上只能看见月球的正面，而永远看不见月球背向地球的另一面。

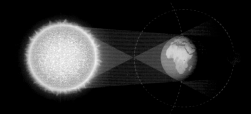

月食

月食是一种特殊的天文现象，指当月球运行至地球的阴影部分时，在月球和地球之间的地区会因为太阳光被地球所遮蔽，人们看到的月球就缺了一块。此时的太阳、地球、月球恰好（或几乎）在同一条直线上。

中国"玉兔号"月球车

登陆月球

苏联的"月球"2号于1959年9月撞击月球，是首个登陆月球的探测器。美国的阿波罗11号于1969年7月成功登陆月球，太空人尼尔·阿姆斯特朗和巴兹·奥尔德林成为历史上最早登陆月球的人类。中国于2013年12月2日1时30分成功发射了"嫦娥"三号探测器，其携带的"玉兔号"月球车首次实现月球软着陆和月面巡视勘察，并开展了月表形貌与地质构造调查等科学探测。

美国登月照片

———地球

月球上的环形山

环形山这个名字是伽利略起的，是月面的显著特征，几乎布满了整个月面。最大的月球环形山是南极附近的贝利环形山，直径295千米，比海南岛还大一点儿。小的环形山甚至可能是一个直径几十厘米的坑洞。

水　　星——离太阳最近的行星

水星是太阳系八大行星中最小的一颗行星，也是离太阳最近的行星。在中国古代，人们把水星叫作"辰星"，西方人则把它称为"墨丘利"。因为其独特的地形像极了老人的皱纹，因此也有人称它为"老人行星"。

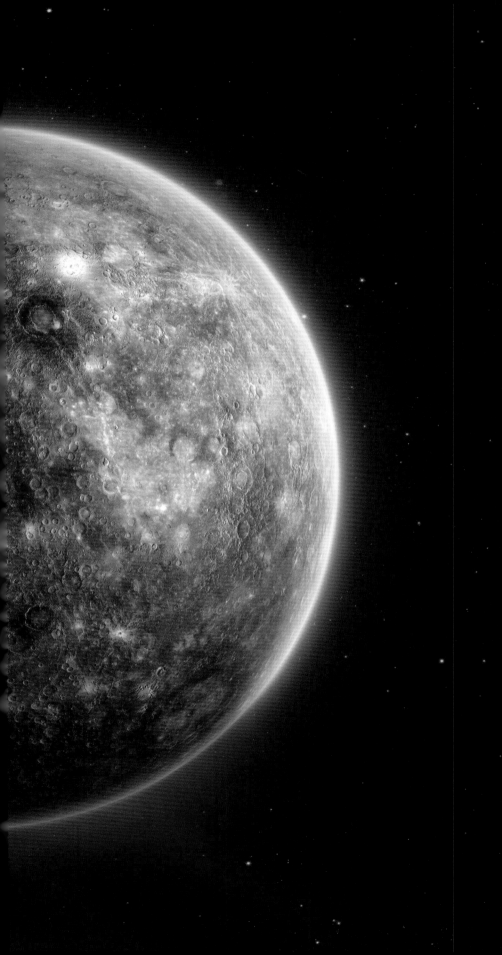

行星之最

在太阳系的八大行星中，水星拥有几个"最"的纪录：

★离太阳距离最近。水星和太阳的平均距离为5 790万千米，比太阳系的其他行星离太阳都要近。

★轨道速度最快。因为距离太阳最近，受到太阳的引力也最大，所以它在公转轨道上比任何行星都跑得快。

★表面温差最大。因为没有大气的调节，距离太阳又非常近，所以在太阳的烘烤下，向阳面的温度最高时可达430℃，但背阳面的温度可降到−160℃，昼夜温差近600℃。水星是行星表面温差冠军，这真是一个处于火与冰之间的世界。

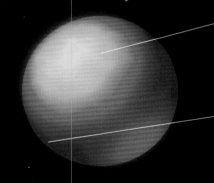

赤道区是
最热的区域

由于没有空气，热量是
不传递的，所以水星背
离太阳的一面非常寒冷

★卫星最少，人类在太阳系中已经发现了越来越多的卫星，然而水星是目前被认为没有卫星的行星。

★公转周期最短，"水星年"是太阳系中最短的年，它绕太阳公转一周只用88天，还不到地球上的3个月。然而"水星日"比别的行星更长，水星上一昼夜的时间，相当于地球上的176天。

硅酸盐
石质地幔

铁核

硅酸盐石质
地壳

水星物质构成图

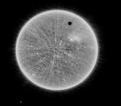

水星凌日

  当水星走到太阳和地球之间时，我们在太阳圆面上会看到一个小黑点穿过，这种天文现象称为"水星凌日"。其道理和日食类似，不同的是水星比月亮离地球远，挡住太阳的面积太小了，不足以使太阳亮度减弱，所以用肉眼是看不到水星凌日的，只能通过望远镜进行投影观测。

金　　星——全天中最亮的行星

　　金星是太阳系中八大行星之一，按离太阳由近及远的次序，是第二颗，距离太阳 0.725 天文单位。它是离地球较近的行星（火星有时候会更近）。古罗马人称其为维纳斯，中国古代称之为长庚、启明、太白或太白金星，古希腊神话中称其为阿芙洛狄忒。公转周期是224.71 地球日。

　　金星在日出稍前或者日落稍后达到亮度最大，其亮度在夜空中仅次于月球。它清晨出现在东方天空，被称为"启明"；傍晚处于天空的西侧，被称为"长庚"。

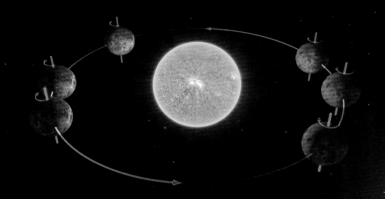

最亮的行星

除了太阳外，金星比任何行星都要明亮，在夜空中亮度排第二，仅次于月球。当它最靠近眉形月时，它的最大视星等亮度可以达到 −4.9 等，当它在太阳的背后最黯淡时，视星等依然有 −3 等。当高度足够时，这颗行星的亮度足以在晴朗的夜空下照射出阴影，而且当太阳在接近地平线的低空时，也很容易看见它。

公转

金星沿轨道绕太阳公转，完成一圈的时间大约是 224.65 地球日。虽然所有行星的轨道都是椭圆的，但是金星的轨道是最接近圆形的。

自转

从地球的北极方向观察，太阳系所有的行星都是以逆时针方向在轨道上运行。大多数行星的自转方向也是逆时针的，但是金星不仅是以 243 地球日顺时针自转（称为退行自转），还是所有行星中转得最慢的。因为它的自转是如此缓慢，所以它极度接近球形。

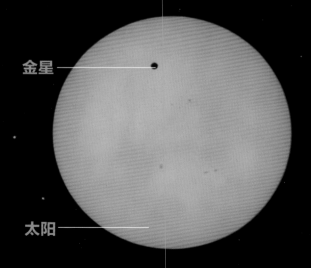

金星 ———

太阳 ———

金星凌日

金星凌日与月球造成的日食类似。虽然金星的直径几乎是月球的 4 倍，但由于它离地球更远，因此它在太阳上形成的阴影并不会像月球那样大。科学家可以通过观察金星凌日估算太阳和地球之间的距离。

大量的阳光
被反射

厚厚的硫酸云团
几乎使太阳光无
法到达金星表面

大气在不断地
吸收热量，热量
无法散逸出去

金星表面只有
少量的太阳光
能够到达

金星云层

　　金星的表面是一层淡黄色云层，这些厚厚的云层是由硫化物和硫酸构成的。这些云层靠着风快速地移动，很快就可以环绕金星一周。

火　　　星——拥有蓝色夕阳的星球

　　火红色的火星，自古就吸引着人们，在我国古代，人们将其称为荧惑，因为它荧荧如火，位置和亮度时常变化。而在古罗马神话中，则把火星比喻为身披盔甲浑身是血的战神"玛尔斯"。在希腊神话中，火星同样被看作是战神"阿瑞斯"。按照距离太阳由近及远的次序，火星为太阳系的第四颗行星。肉眼看去，火星呈现引人注目的火红色，这是由于火星表面的土壤中含有大量氧化铁，因长期受紫外线的照射，铁就生成了一层红色和黄色的氧化物，夸张点说，火星看起来就像一个生满了锈的世界。火星缓慢地穿行于众星之间，在地球上看，它时而顺行时而逆行，而且亮度也常有变化。

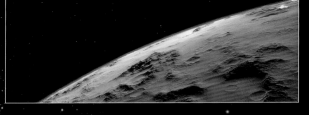

火星是地球的近邻。它与地球有许多相同的特征。它们都有卫星，都有移动的沙丘，大风扬起的沙尘暴，南北两极都有白色的冰冠，只不过火星的冰冠是由干冰组成的。火星每 24 小时 37 分自转一周，它的自转轴倾角是 25 度，与地球相差无几。

火星比地球小，赤道半径为 3 395 千米，是地球的一半，体积不到地球的六分之一，质量仅是地球的十分之一。火星的内部和地球一样，也有核、幔、壳的结构。站在地球上，火星裸眼可见，只比金星、月球和太阳暗。

地形地貌

火星和地球一样拥有多样的地形，有高山、平原和峡谷，火星基本上是沙漠行星，地表沙丘、砾石遍布。由于重力较小等因素，地形地貌与地球相比亦有不同的地方。南北半球的地形有着强烈的对比：北方是被熔岩填平的低原，南方则是充满陨石坑的古老高地，而两者之间以明显的斜坡分隔；火山地形穿插其中，众多峡谷亦分布各地，南北极则分别有由干冰和水冰组成的极冠，风成沙丘亦广布整个星球。

蓝色夕阳

火星大气中的尘粒可以让太阳的蓝色光较轻易地穿过大气层，其他颜色的光，如红色光、黄色光等则散射到空中。因此火星日出和日落时的天空，太阳周围一圈会呈现暗蓝色，距太阳较远的天空会偏紫色或者粉红色。

四季变化

火星上有明显的四季变化，像地球那样有冬去春回，寒来暑往。主要体现在两极冰盖大小的变化，夏季冰盖缩小，冬季则扩大。

奥林波斯山

珠穆朗玛峰

火星上的巨大火山

奥林波斯山比在它西北方的平原高出 26 千米，约是地球最高峰珠穆朗玛峰高度的三倍，也是太阳系已知的最大的火山。

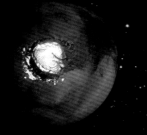

北极

南极

极地冰冠

在火星两极拥有着成分截然不同但都永久性存在的白色极冠。北极冠主要由水冰组成，厚度为 3 千米。相比于北极冠而言，南极冠更厚，其温度也更低，大部分是由干冰组成的。

火星的卫星

火星有两个天然卫星：火卫一和火卫二。其中火卫一较大也是离火星较近的一颗，从火星表面算起只有 6 000 千米。它是太阳系中最小的卫星之一，也是太阳系中反射率最低的天体之一。

火卫一

火卫二

木　　　　星——太阳系行星中我最大

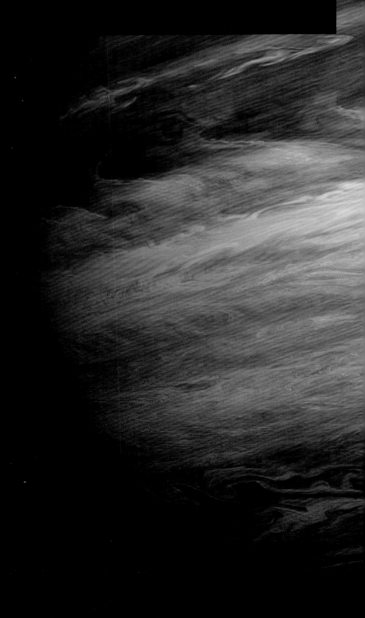

　　木星是太阳系中体积最大的一颗行星，它的体积是地球的 1 300 多倍，并且质量也大得惊人，大约是其他几颗行星质量总和的 2.5 倍，目前发现木星有 79 颗卫星。因此，木星素来有太阳系"老大哥"的称号。

木星是一个气态行星。气态行星没有实体表面，它们的气态物质密度是由距离木星中央的远近所决定的，距离木星中央越近密度越大；反之越小。我们所看到的通常是大气中云层的顶端，压强比1个大气压略高。

彩色的云

木星大气主要是由氢气构成的，还有少量的氦气和氢化物气体，这些气体化合物在不同温度、高度下凝结，形成五颜六色的云。

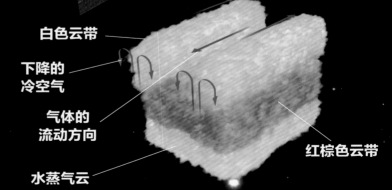

白色云带

下降的冷空气

气体的流动方向

水蒸气云

红棕色云带

木星云

卫星最多

木星是太阳系中卫星数目最多的一颗行星,目前为止已发现木星有79颗卫星。木卫一、木卫二、木卫三、木卫四于1610年由伽利略发现,称为伽利略卫星。除四颗伽利略卫星外,其余的卫星多是半径几千米到20千米的大石头。木卫三较大,其半径为2 631千米。

木卫二　　　　木卫三

大红斑

木星的表面特征大多数时候是变幻莫测的,但有一个最显著、最持久的特征为人们最熟悉——大红斑。大红斑是位于赤道南侧的一个红色卵形区域。经研究,目前科学家们认为,木星的大红斑是耸立于高空、嵌在云层中的强大旋风或是一团激烈上升的气流形成的。

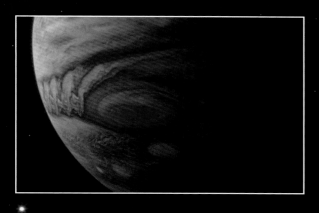

木星环

木星光环是弥散透明的,由亮环、暗环和晕三部分组成。亮环在暗环的外边,晕为一层极薄的尘云,将亮环和暗环整个包围起来。木星环是由大量的尘埃和黑色的碎石组成的,不反光,肉眼无法看到,以周期为7小时左右的速度围绕木星旋转。

木星极光

这颗巨大行星经常出现极光,比地球极光明亮数千倍,并且覆盖范围是地球面积的数倍,通常人们认为木星极光是太阳带电粒子与木星磁场发生碰撞所产生的,也可能是由木星和它的卫星交互作用所致。

土　　星——拥有美丽的行星环

　　土星（英文 Saturn，拉丁文 Saturnus），按照行星至太阳距离由近及远位于第六位，体积则仅次于木星。欧洲古代（古希腊）称土星为克洛诺斯星，古代中国称之镇星或填星。土星是中国古代人根据五行学说结合肉眼观测到的土星的颜色（黄色）来命名的。

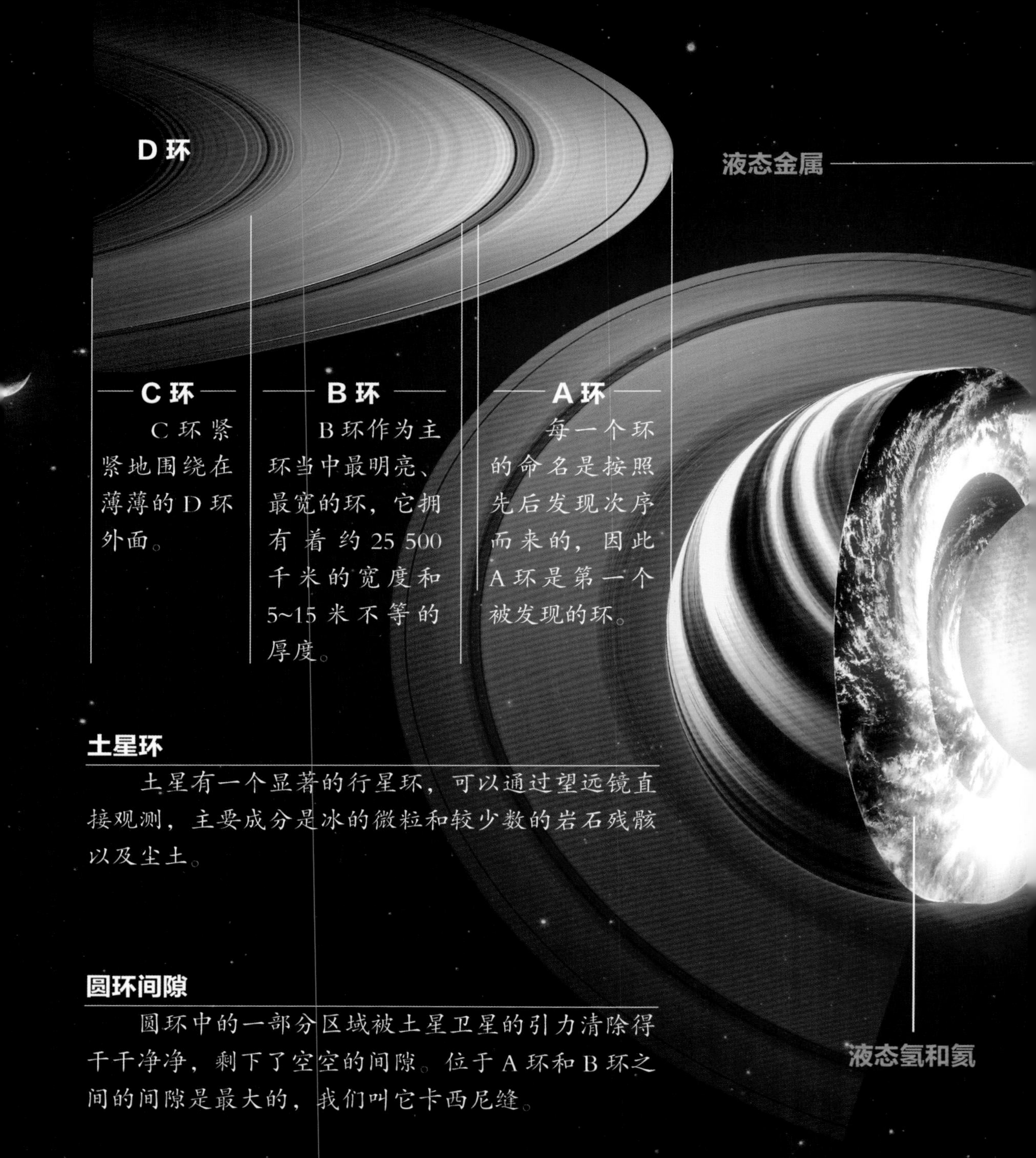

D 环

液态金属

C 环

C环紧紧地围绕在薄薄的D环外面。

B 环

B环作为主环当中最明亮、最宽的环，它拥有着约25 500千米的宽度和5~15米不等的厚度。

A 环

每一个环的命名是按照先后发现次序而来的，因此A环是第一个被发现的环。

土星环

土星有一个显著的行星环，可以通过望远镜直接观测，主要成分是冰的微粒和较少数的岩石残骸以及尘土。

圆环间隙

圆环中的一部分区域被土星卫星的引力清除得干干净净，剩下了空空的间隙。位于A环和B环之间的间隙是最大的，我们叫它卡西尼缝。

液态氢和氦

土星极光

科学家采用美国宇航局"卡西尼"号探测器的精密仪器观测到土星极冠有神秘的明亮极光。研究人员发现，土星极光每天都在变化，有时能伴随土星自转而运动，有时却又保持静止。它有时发亮能持续好几天，不像地球极光那样只能持续较短时间。与地球或木星极光尤为不同的是，土星极光在这颗行星的昼夜交替之际显得尤其明亮，有时会成为一个螺旋形。

岩石核心

土星极光

土星大气层

土星风暴

天文学家通过分析红外线影像发现，土星有一个"温暖"的极地旋涡，这种特征在太阳系内是独一无二的。天文学家认为，这个点是土星上温度最高的点，土星上其他各处的温度是 -185℃，而该旋涡处的温度则高达 -122℃。

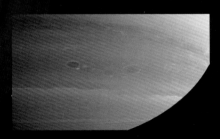

土星白斑

土星的白斑是1933 年 8 月被发现的，这块白斑出现在赤道区，呈蛋形，长度达土星直径的五分之一。以后这个白斑不断地扩大，几乎蔓延到整个赤道带。

龙风暴

龙风暴是一种大型雷暴，位于土星南半球的一条云带上，龙风暴所在的云带被称为"风暴通道"，因为很多风暴起源于此，故得此称。

天王星 ——躺在公转轨道平面上

天王星是从太阳系由内向外的第七颗行星，其体积在太阳系排名第三，质量排名第四。天王星的英文名称 Uranus，来自古希腊神话中的天空之神乌拉诺斯（希腊神话中的第一代众神之王），所以天王星的名称取自希腊神话而非罗马神话。

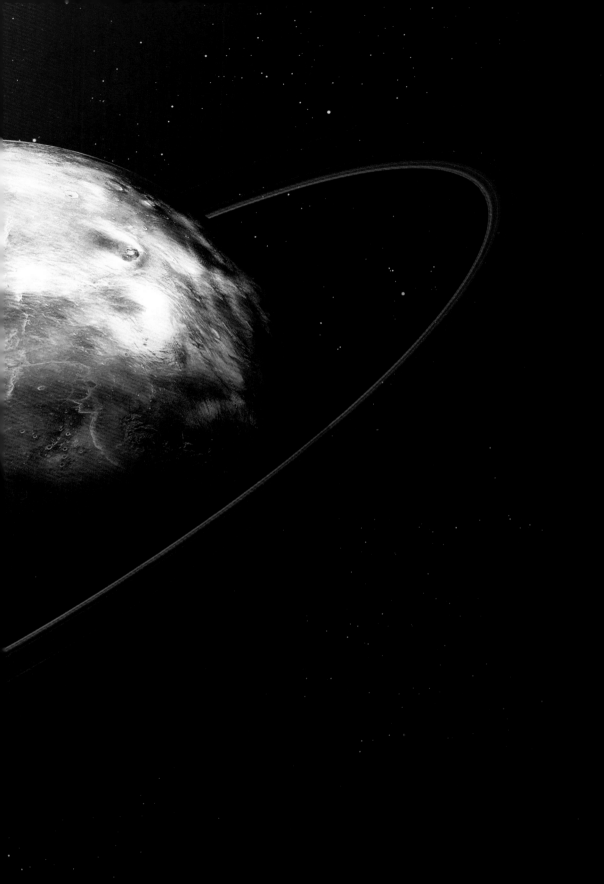

与太阳系其他行星相比，天王星的亮度也是肉眼可见的。和其他巨行星一样，天王星也有环系统、磁层和许多卫星。天王星的环系统在行星中非常独特，因为它的自转轴斜向一边，几乎就躺在公转轨道平面上，因而南极和北极也躺在其他行星的赤道位置上。从地球看，天王星的环像是环绕着标靶的圆环。

氢、氦等气体构成的大气

水、甲烷和氨构成的冰层

岩石和疑似冰的内核

天王星物质构成图

物质构成

天王星主要是由岩石与各种成分不同的水冰物质所组成，它的标准模型结构包括三个层面：在中心是岩石的核，中间层是冰的幔，最外层是氢和氦组成的外壳。

卫星

已知天王星有 27 颗天然的卫星，这些卫星的名称都出自莎士比亚和蒲柏的歌剧。五颗主要卫星的名称分别是米兰达、艾瑞尔、乌姆柏里厄尔、泰坦尼亚和欧贝隆。

米兰达

艾瑞尔

乌姆柏里厄尔

泰坦尼亚

欧贝隆

探测

"旅行者"2号在1977年发射，于1986年1月24日最接近天王星，距离近至81 500千米。这次的拜访是唯一的近距离的探测，此次探测研究了天王星大气层的结构和化学组成，发现了10颗新卫星，还探测发现了天王星因为自转轴倾斜所造成的独特气候。

天王星

自转轴

　　天王星的自转轴可以说是躺在轨道平面上的，倾斜的角度高达98°，这使它的季节变化完全不同于其他的行星。其他行星的自转轴相对于太阳系的轨道平面都是朝上的，天王星的转动则像倾倒而被碾压过去的球。

行星环

　　天王星有一个暗淡的行星环系统，由直径约10米的黑暗粒状物组成。它是继土星环之后，在太阳系内发现的第二个环系统。已知天王星有13个圆环，天王星的光环像木星的光环一样暗，但又像土星的光环那样有相当大的直径。

43

海王星 ——距离太阳最远的行星

　　海王星是八大行星中的远日行星，按照行星与太阳的距离排列，海王星是第八颗行星，在直径上是第四大行星。海王星在直径和体积上小于天王星，但质量却大于天王星，大约是地球的 17 倍。它的亮度仅为 7.85 等，只有在天文望远镜里才能看到它。由于它那荧荧的淡蓝色光，西方人用罗马神话中海神"尼普顿"的名字来称呼它。